絵でみる
くらしをささえる地下施設

ガスや水道、電気や通信などが、毎日不自由なくつかえるのはなぜ？
トイレやお風呂でつかった水はどうなるの？　大雨がふっても道路に水が
たまらないのはどうして？　そのひみつは、地下にあります。

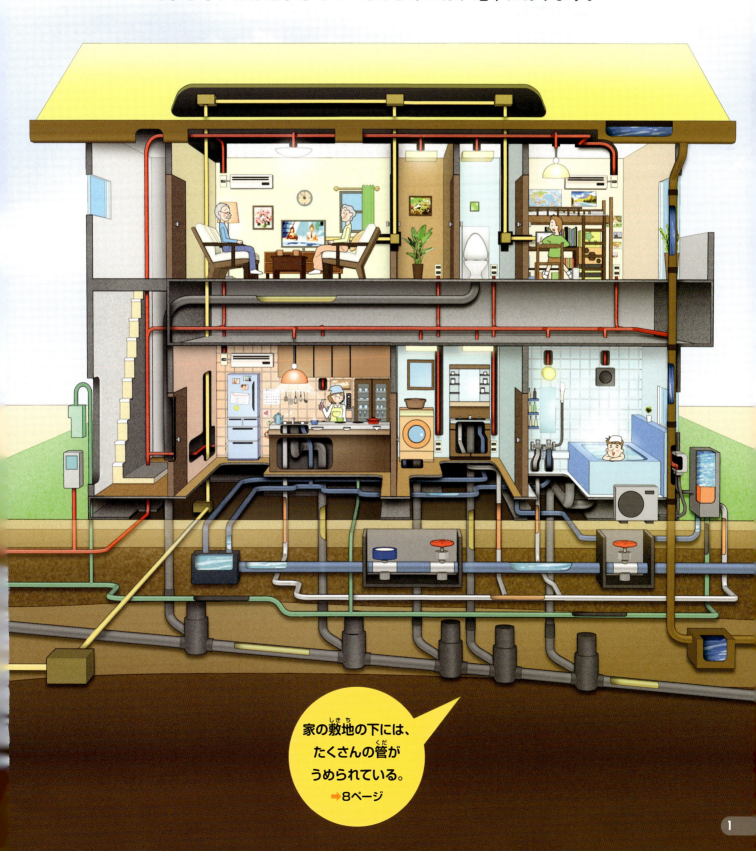

家の敷地の下には、たくさんの管がうめられている。
➡8ページ

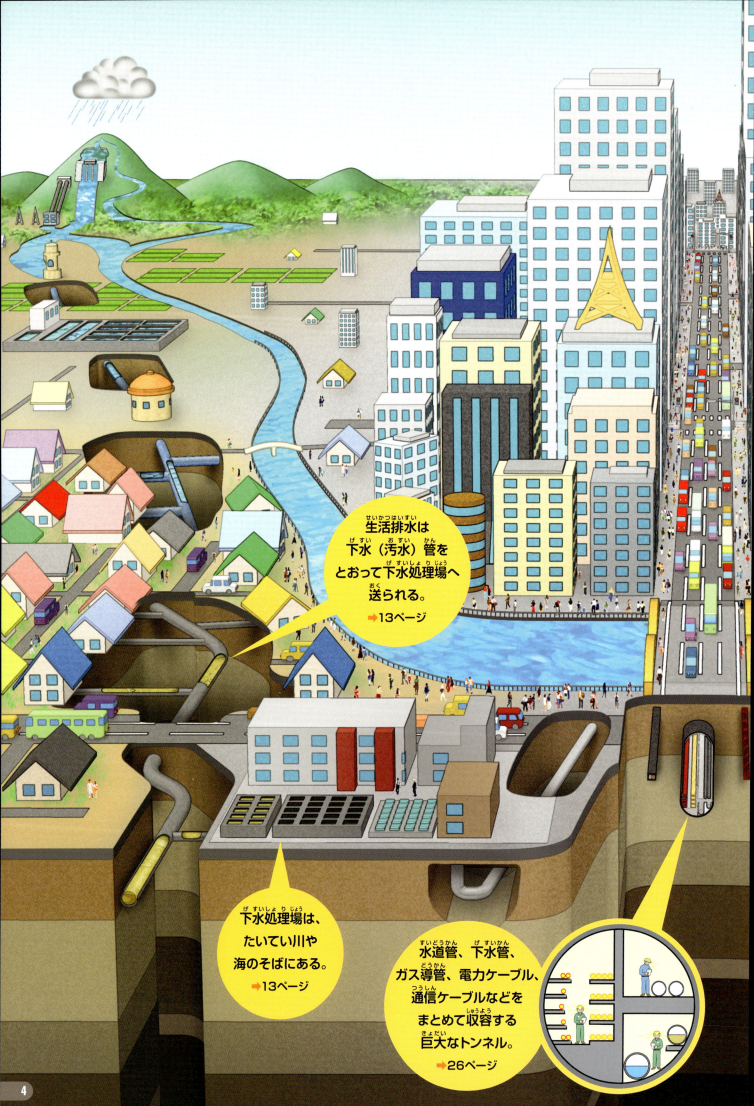

はじめに

　みなさんは「地下」について考えてみたことがありますか？ 地下鉄、地下街、百貨店の地階やビルの地下室、地下駐車場などが思いうかぶでしょう。トンネルを思いつくかもしれません。
　では、道路の下にはなにがうまっているのか、イメージできるでしょうか？ 道路工事で地下をほっているのをみたことはあるけれど、地下がどのようになっているのかはわからないでしょう。まして深い地下がどのようになっているかは想像もつかないでしょう。

　人口が都市部に密集し、国土もせまい日本では、地下がじょうずにつかわれています。地下鉄やトンネルだけでなく、水をためるための地下施設や廃棄施設が全国にあります。地下美術館、地下図書館、地下発電所、地下工場などさまざまな利用法がみられます。核シェルターというのもあります。

　このシリーズでは、大きな写真や図版など、ビジュアルを中心に、おもしろく地下を「解剖」し、4巻にわけて、地下のひみつにせまっていきます。みなさんがふだん気づかない地下の利用方法や、知っていると役に立つ地下のひみつ、さまざまな地下の活用法など、いろいろな面から「地下のひみつ」にせまります。

❶ 人類の地下活用の歴史
❷ 上下水道・電気・ガス・通信網
❸ 街に広がる地下の世界
❹ 未来の地下世界

もくじ

巻頭　絵でみる くらしをささえる地下施設	1
1　道路の下には、何がうまっている？	8
2　地下をとおる水道水	10
3　地下をとおる生活排水	12
4　地下をとおる雨水	14
これはびっくり！　巨大地下放水路で洪水をふせぐ	16
5　下水道をささえる縁の下の力持ち	18
6　地下を走るガス導管	20
7　地上から地下にもぐる電線	22
8　通信回線を守る地下トンネル	24
9　共同溝で地下空間を有効利用	26
これはびっくり！　マンホールのひみつ	28
これはびっくり！　47都道府県マンホールクイズ	30
さくいん	32

この本のつかい方

● 1〜9までのテーマ
● 正確な図解
● 関連するもう少しくわしい情報
● 大きなめずらしい写真がいっぱい

1 道路の下には、何がうまっている?

道路の下には、毎日の生活にかかせない水やガス、電気、通信回線などをとおすための設備や下水管など、いろいろな管がうまっています。

道路のたいせつな役割

道路といえば、自動車や自転車、歩行者が通行するためのものと思うでしょう。

でも、道路の役割はそれだけではありません。水道管やガス導管などを収容する空間として重要な役割をはたしているのです。いいかえれば、それらを道路の下にうめることで、建物などにじゃまされることなく、ライフライン＊を確保することができるわけです。

＊英語で「ライフ」は生命、「ライン」はひも。「命づな」＝「生活の基盤」という意味。

巨大なマンホールのなかで、大きく水をまわしながら流れおちていく下水（東京都葛飾区）。撮影：白汚零

地下にうめられているライフラインの例

下水管の本管は地下のライフラインのうちでもっとも深いところにある。なぜなら、下水道は水道やガスのように圧力をかけて流れるしくみになっているものとちがって自然勾配で流れていくからだ。

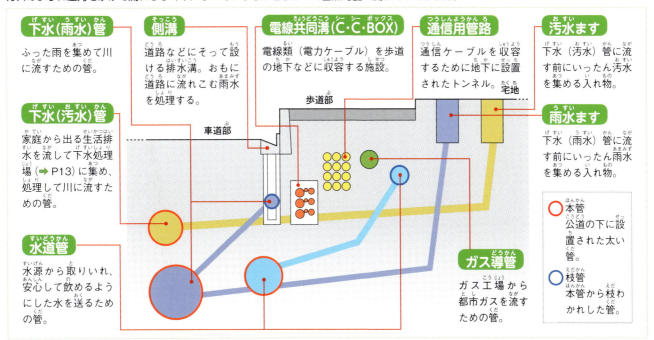

浅すぎず、深すぎず

水道管やガス導管など、ライフラインとされる管をうめる深さには基準があります。水道管やガス導管、電力ケーブルや通信ケーブルが入っている管は歩道でおおよそ0.6m以下、車道では1.2m以下。管のなかでもいちばん太い下水管は、3m以下の深さとなっています。

あまり浅いところに設置すると、自動車などの重さでこわれる危険性が高まります。逆にあまりに深いところだと、設置工事がたいへんになるだけでなく、維持管理もたいへんになります。

ガス導管、水道管はだれのもの？

一般的に道路にうめられているガスや水道管は、それぞれの事業者のもの。修理や工事をする場合は、その事業者が負担する。いっぽう、家の敷地内のガス導管や水道管は、その家の持ち主の資産になるので、ひきこみ工事や修理などの費用は個人負担となる。

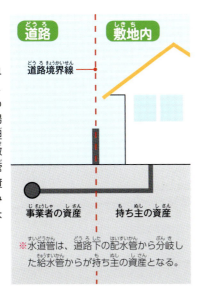

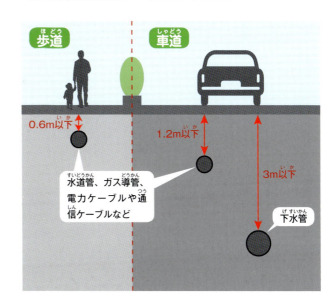

まめちしき　下水管、水道管を全部つないだら？

日本の下水管を全部つなぐと、約45万kmとなり、地球11周分の長さになります。水道管はさらに長く、総延長約63万kmで、地球15周分以上です。月までの距離が約38万kmですから、どちらも月より遠くまで行くほどの長さです。

地球　日本の水道管を全部つないだ距離約63万km
日本の下水管を全部つないだ距離約45万km
月　月までの距離約38万km

2 地下をとおる水道水

水道水とは、自然の雨水を安心して飲めるようにした水のことです。地下にうめられた水道管をとおって安全に蛇口まで運ばれます。

総ステンレス製の巨大な水道管。直径2mほど。浄水場できれいにされた水が、ここから流れていく。消毒処理をされたあとの水なので、鉄鋼では腐食してしまうためステンレスがつかわれている。写真は、水の流れをかえるための「弁」（東京都水道局三郷浄水場）。撮影：大山顕

水源から蛇口まで

水道の水は、水源から蛇口まで、下の図のようにやってきます。このような水の経路のなかで、とくに配水管と給水管を水道管とよんでいます（導水管と送水管も水道管とよぶこともある）。道路の下にうめられて、まちじゅうにはりめぐらされているのは配水管で、配水管から蛇口までをつないでいる給水管の一部も道路の下をとおっています。そのとちゅう（家やマンションなどの敷地内）に水道メータとよばれる水道水の使用量を記録するための計器が設置されています。

水源 ⇒ 導水管 ⇒ 浄水場（浄水池） ⇒ 送水管 ⇒ 配水池 ⇒ 配水管 ⇒ 給水管 ⇒ 蛇口

水道の水がとどくしくみ

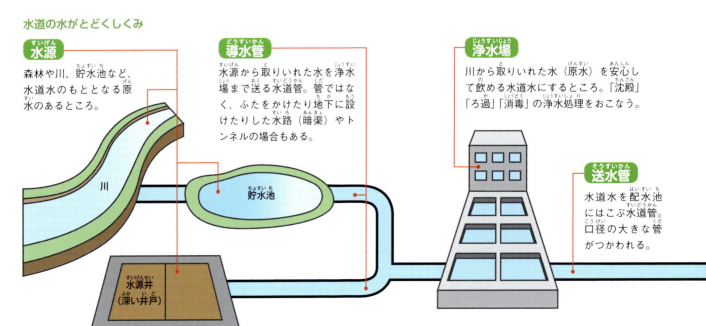

水源
森林や川、貯水池など、水道水のもととなる原水のあるところ。

導水管
水源から取りいれた水を浄水場まで送る水道管。管ではなく、ふたをかけたり地下に設けたりした水路（暗渠）やトンネルの場合もある。

浄水場
川から取りいれた水（原水）を安心して飲める水道水にするところ。「沈殿」「ろ過」「消毒」の浄水処理をおこなう。

送水管
水道水を配水池にはこぶ水道管。口径の大きな管がつかわれる。

水道管の種類

水道管には必要に応じていろいろな太さや材質があります。各家庭への給水用は20〜50mmくらいの小さな口径の管がつかわれ、公道の配水管は口径50〜1000mmまで、送水管では1000mm以上、市内の大きな道路の下などは2600mmの管がつかわれています。

水道管には、ぬけだし防止機能がついているので、何本もつないだ水道管をつりさげても、とちゅうからはずれることがない。提供：東京都水道局

日本は水道先進国

古くなった水道管はひびが入ったり、あながあいたりして、そこから水がもれることがあります。でも、地下にうまっているのでそれを修理するのは非常にたいへんです。

実は、海外の主要都市の水道管はおよそ10％程度の水もれがおきているといわれています。3分の1の水道管で水もれがおきている都市もあるとか。そうした外国の状態とくらべて、東京都では3.3％（2007年度東京都水道局調べ）と、たいへん低い数字です。

水道管からの水もれをふせぐため、昼も夜も道路の下で水がもれる音がしないかを調べ、水もれしている場所をみつけたら修理する。提供：東京都水道局

消火栓

消火栓は、消防車が消火活動をおこなうさいに水道から消防車に水をとりこむための水道設備です。かつては地上に管を建てた地上式が多かったですが、車両接触事故で破損したり、歩行者がぶつかったりする事故をなくすため、しだいに地下式になってきました。

左が地上式、右が地下式の消火栓。どちらも地下の防火水そう（→P2）と水道管がつながっている。提供：小樽市消防本部（左）、東京消防庁（右）

配水池
浄水をたくわえる施設。設置する場所の環境によって、地上式、地下式、半地下式がある。

配水管・給水管
家庭や工場などに水をとどける水道管。

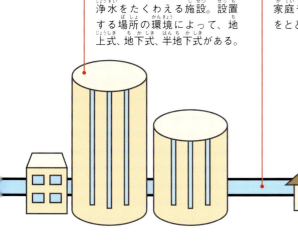

家の敷地内にある水道メータ
水道メータは検診をする人がしらべやすいように屋外のメータボックスのなかにある。提供：東京都水道局

3 地下をとおる生活排水

家庭から出る生活排水は、地下深くにある下水管をとおって下水処理場へ運ばれ、そこで川などへ流せるように処理がおこなわれます。

神田下水
明治時代に入り、大雨による浸水や、低地にたまった汚水などが原因でコレラが流行。そのため下水道の建築がもとめられてつくられたのが、日本最古の下水道といわれる神田下水だ。一部は現在もむかしのままでつかわれている。
撮影：白汚零

日本と世界の最古の下水道

日本最古の近代的な下水道は1884年、東京の千代田区に設置されました（神田下水）。生活排水が地表をとおって流れると悪臭や病害虫の発生の原因となるからです。こうした用途の下水道は、紀元前600年ころの古代ローマにあったことがわかっています。さらに時代をさかのぼり、紀元前2000年ころの古代インドやメソポタミア都市国家にもあったのではないかと考えられています（→1巻）。日本では1583年に大坂城の城下町に太閤下水（背割下水）が建設されています。それはいまでも使用されています（→1巻）。

古代インドの都市モヘンジョ・ダロの下水道あと。

下水が流れるしくみ

下水管には、雨水を流す雨水管と、生活排水を流す汚水管の2種類があります（→P9）。どちらもわずかな傾斜がついていて、下水が自然に流れていくように、地下にうめられています。

下水管が長くなればなるほど、うめられている深さが深くなってきます。ところが、あまり深くなると、工事や点検、そうじなどの管理がしづらくなります。そのため、とちゅうで下水をポンプで地表近くまでくみあげるしくみになっています。なお、下水の量は、下水処理場に近づくにつれてふえていきます。

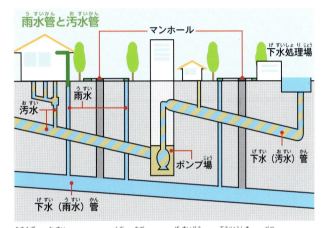

雨水と汚水がひとつの管で流される下水道を「合流式」、別べつの場合を「分流式」という。雨水と汚水をあわせて「下水」とよぶ。

下水処理のしくみ

下水処理場に運ばれてきた下水は、さまざまな施設や設備をとおしてしだいにきれいになって、最後は川や海に流されます。下水処理のときに出たどろ（汚泥）は、焼却処理されてから、うめたて処分場へ運ばれます。焼却時の排熱は、エネルギー源として利用されます。

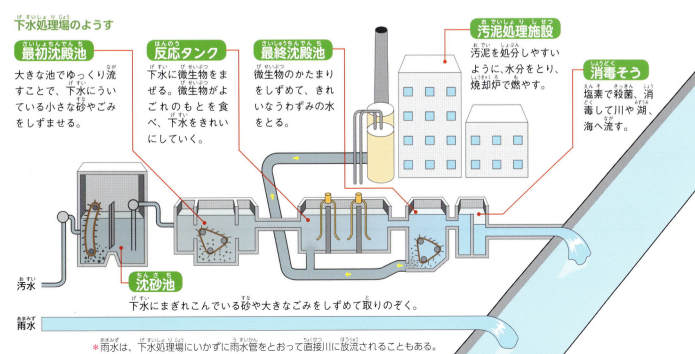

下水処理場のようす

最初沈殿池 大きな池でゆっくり流すことで、下水にういている小さな砂やごみをしずませる。

反応タンク 下水に微生物をまぜる。微生物がよごれのもとを食べ、下水をきれいにしていく。

最終沈殿池 微生物のかたまりをしずめて、きれいなうわずみの水をとる。

汚泥処理施設 汚泥を処分しやすいように、水分をとり、焼却炉で燃やす。

消毒そう 塩素で殺菌、消毒して川や湖、海へ流す。

沈砂池 下水にまぎれこんでいる砂や大きなごみをしずめて取りのぞく。

＊雨水は、下水処理場にいかずに雨水管をとおって直接川に放流されることもある。

4 地下をとおる雨水

下水道は、生活排水を流す（➡P12）だけでなく、
ふった雨をすばやく排除し浸水から
まちを守る役割があります。

内径約6mという大きな雨水管。提供：仙台市建設局

浸水から守る

道路の舗装（アスファルトなど）は、水をはじくので、雨水などが地下にしみこんでいきません。そのため都市部では、道路の地下に下水管を配置して川などに雨水を放水するようになっています。

地下で雨水をためておく

雨水調整池は、台風や集中豪雨などで降雨量が急増し、雨水管では水を流しきれなくなったとき、一時的に雨水をためておくための施設のことです。
ほとんどの道路が舗装されている都市部では、近年、集中豪雨により浸水被害がふえてきました。そのため、地下に新たな調整池を建設するところもふえています。

広島県広島市のマツダスタジアムのグラウンド面から約2m地下にある広島市下水道局の雨水貯留池。直径約100mの巨大な円柱形の池は、1万4000トン（25mプール*で約40杯分）の雨水をためておくことができる。提供：広島市下水道局

＊25m×10m×1.4mとした場合。

雨水を地下に浸透させる

雨水浸透ますは、雨水を一時的にためておくふつうのますとは異なるものです。図のように、底と壁面にあながあいていて、底と周りをじゃりが囲んで、土がますにじかにふれないようになっています。

こうすることによって雨水は、地中にしみこみやすくなります。ますに入ってきた雨水の一部が地中にしみこめば、雨水管に流れこむ雨水の量をへらすことができます。結果、浸水被害を軽減することができると期待されています。

雨水浸透ますの構造

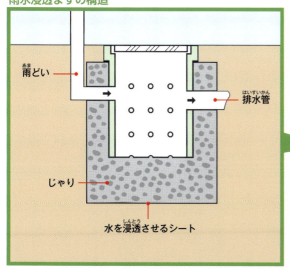
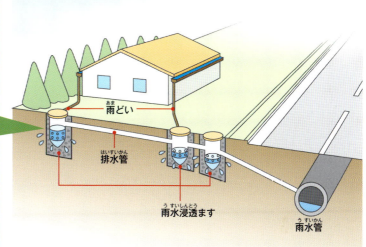

まめちしき 「透水性舗装」

道路の舗装や建物がふえることで、地中にしみこむ雨水の量はどんどんへってしまいます。その分、下水管をとおして川などに放流しなければならない雨水の量がふえることになります。下水管が流せる雨水の量をこえて雨がふると洪水がおきることになります。

近年、雨水浸透ますとおなじように、雨水を少しでも多く地中に流すくふうとして、透水性舗装が登場しました。これは、路面の表層にこまかなすきまがあり、1m²あたり50Lの水をとおすことができる舗装です。東京都はすでに歩道部分で採用しています。工事費が従来の舗装の1.7倍かかりますが、少しずつ普及が進んでいます。

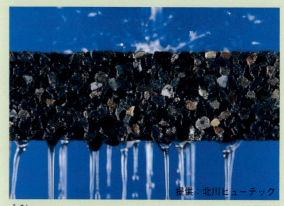

提供：北川ヒューテック

路面に水たまりができにくく、車への水はねも少なくなり、安全走行ができる。歩行者への水はねもへる。

巨大地下放水路で洪水をふせぐ

埼玉県東部の国道16号線の地下には、地下50mの深さに世界最大級の地下放水路があります。この地域はかつて利根川の氾濫原で浸水被害が多発していました。そこでつくられたのが、中小河川の洪水を地下に取りこんで江戸川に流す「首都圏外郭放水路」です。

■放水路とは？

放水路は新たに川の分岐点をつくり、ほかの河川や海などに放流する人工水路のことです。洪水をふせぐのがおもな目的です。

首都圏外郭放水路の場合、国道などの公共用地の地下につくった巨大な水そうをとおって、江戸川に放流されています。その水そうは地下にほられた宮殿のようです（右ページ）。

それほど深くほることができたのは、そこが地盤沈下や地震災害時の液状化などの被害が少ない洪積地盤（1万から100万年前までの洪積世といわれる時代に堆積した地盤）だからです。

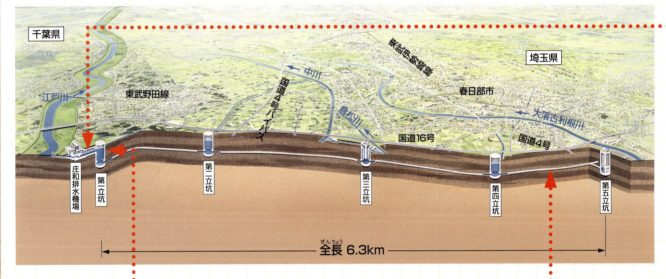

立坑
河川の流入施設から洪水を取りこむ施設。各立坑は地下トンネルでつながっている。約70mの深さで内径約30m（第5のみ15m）。工事中はトンネル工事用の作業基地として機能した。

地下トンネル
中川流域の中小河川から流れこんだ洪水のとおる巨大地下放水路。長さ約6.3km、内径約10m。河川から取りこまれた水は、調圧水そう（➡右ページ）を経て江戸川へ向かう。

イスタンブール地下宮殿
トルコの首都イスタンブールにある東ローマ帝国の大貯水そう。世界遺産に登録されている。首都圏外郭放水路の調圧水そうと似ている。

調圧水そう
地下トンネルから流れてきた水のいきおいを弱め、スムーズに流すための巨大プール。幅78m、長さ177mは、ほぼサッカーグラウンドの広さとおなじ。高さは18mある。天井をささえている柱は59本。1本の柱は奥行7m、幅2m、重さ約500トンで、おもりの役割をはたす。提供：国土交通省江戸川河川事務所

5 下水道をささえる縁の下の力持ち

現在日本の主要都市では、家庭への下水道の普及率がほぼ100％に達しています。逆にいうと、下水道がつかえなくなったら、トイレがつかえないということです。

下水道の維持管理

　日本の下水管は、数十cmほどの小さなものから、地下鉄がとおれるような大きなものまでさまざまあり、総距離が約45万kmになります。しかし、その多くが高度経済成長期（1955〜1973年）に整備されたものであるため、すでに老朽化してきています。

　そうした下水管には、雨水や汚水のほかにも土砂やごみなどいろいろなものが流れてきます。それらが下水管をつまらせたり、こわしたりしないよう点検・清掃・修理をすることが非常にたいせつです。大きな下水道がこわれると、道路が陥没するなどの事故につながることもあります。そうならないように日ごろから点検や修理が必要です。しかし45万kmという長さといい、地下にうまっていることといい、そのたいへんさはかんたんには語れません。

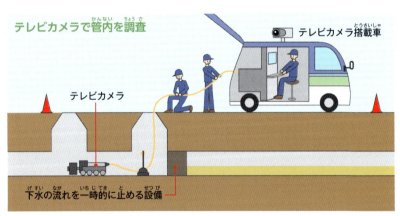

下水管のなかにカメラを送りこんで点検する。

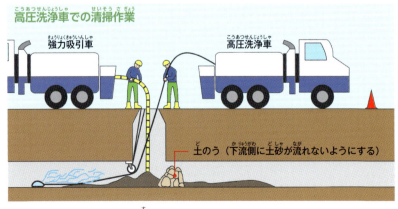

マンホールからごみやどろを吸いこみ、水であらいながす。

下水管の補修のための最先端の技術

　古くなっていたんだ下水管の修理をおこなおうとしても、うまっているところが交通量の多い道路の場合、かんたんに修理するわけにはいきません。また、騒音などにより近隣に迷惑をかけることにもなりかねません。そこで考えだされたのが、SPR工法です。これは、老朽化した下水管の内側に新しい管をつくり、もとの管とのすきまにモルタル（セメントに水と砂をまぜたもの）を注入することで、がんじょうな下水管としてよみがえらせるというもの。古い水道管をほりおこす必要もなく、下水を流しながら（流れをとめずに）補修することができます。

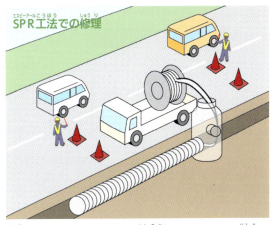

SPR工法での修理

機材はすべてマンホールから管路内に入れるので、道路をほりおこすことなく修理をおこなえる。

SPR工法は下水を流しながら施工ができるので、本管内の仮排水は不要。これから作業をする手前側の管は老朽化しているが、奥の部分は新しい管に生まれかわっている。提供：積水化学工業

6 地下を走るガス導管

都市部の地下にはガス導管とよばれる
パイプがうめられています。
都市ガスは水道などとちがって
気体なので、ガス導管のなかは
一見するとからっぽです。

都市ガスが家庭にとどくまで

都市ガスは、天然ガスでつくられます。天然ガスは、天然ガス田で採掘されます。海外から日本に運ぶ場合には、現地の工場でいったん液体にし、液化天然ガス*としてタンカーで運び、日本についたあと巨大なタンクに保存されます。液体で貯蔵された天然ガスは、海のそばにあるガス工場でふたたび気体にもどされ、地中にはりめぐらされたガス導管をとおって、工場から遠くの家庭や公共施設、企業など消費者のもとへとどけられます。

*液体化された天然ガスを「液化天然ガス（Liquefied Natural Gas）」といい、略してLNGとよぶ。液化することで体積は約600分の1となり、らくに輸送ができるようになる。

神奈川県横浜ベイエリアにある内径27m、深さ49mのLNG地下タンク、東大寺の大仏がすっぽり入るという。写真は2011年工事中のようす。撮影：古明地 賢一

ガスがとどくしくみ

都市ガス製造工場
とどいたガスをLNG地下タンクに保存。気化器でもとの気体にもどす。このとき、ガスはなんのにおいもしないので、わざと「ガスくさい」においをつける。万一ガスがもれたときに気づきやすくするためだ。

LNGタンカー
ガス田でとれた天然ガスから不純物をとりのぞき、ガスプラントで−162℃まで冷やし、液体にしてタンカーで運ぶ。

ガスホルダー
ガスの貯留施設。ガスが多くつかわれるときにはガスを送りこみ、あまりつかわれないときにはためておく。

地区ガバナ（圧力調整器）
中圧導管で運ばれてきたガスを低圧まで減圧し、低圧導管に送りだす施設。

SIセンサー（地震計）

ガバナステーション
ガス製造工場から高圧で送りだされたガスを減圧して、中圧導管に送りだす施設。

ガス導管
最初は太いが、先のほうにいくにつれて細くなり、あみの目のように広がっていく。

LNG地下タンク　高圧導管　中圧導管　低圧導管　マイコンメータ　気化器

ガス導管の種類

　ガス導管は、ガス管内の圧力によって高圧・中圧・低圧の3種類にわけられます。ガス工場から高圧で送りだされたガスは、圧力調整器で減圧され、家庭やオフィスなどには低圧で供給されるのが一般的です。工場など大量にガスを必要とするところへは中圧導管から直接供給されます。高圧導管は口径65〜75cm、中圧導管は10〜75cm、低圧導管は5〜30cmとなっています。

高圧導管。工場から都市へとガスを大量に運ぶ。

マイコンメータ

マイコンメータは、ガスの使用量を測定するための機器。マイクロコンピュータを内蔵していて、ガスを計量するだけでなく、地震があると安全のために自動的にガスを遮断したり、ガスの使用状況をつねに監視してガスもれの警告を表示したりする機能がある。提供：東京ガス

高圧・中圧導管には、強度や柔軟性にすぐれた溶接接合鋼管を使用。ガスもれをおこしにくい構造となっている。この導管は、阪神・淡路大震災や東日本大震災でも、高い耐震性が確認された。写真は、溶接接合鋼管の曲げ試験のようす。

まめちしき　海外にたよるガス資源

　エネルギーの大量消費国である日本は、エネルギー資源のほとんどを海外からの輸入にたよっています。天然ガスについても国内生産は約3％で、のこる97％は海外から液化天然ガス（LNG）を輸入。国内の生産地は、新潟県、北海道、千葉県などです。国内の天然ガスは、地域が限定されますが、一般に気体のままガス導管によって運ばれます。北海道産の天然ガスの一部は液化（LNG）され、内陸の地方都市ガスなどに供給されています。

家庭にガスを送る低圧導管には、大きくのびてもちぎれないポリエチレン管がつかわれている。土のなかでもさびず、すぐれた耐久性をもつ。

提供：東京ガス（上の3点）

7 地上から地下にもぐる電線

電気は、発電所から送電線をとおって消費者のもとへとどけられます。電線というと送電塔や電柱を思いうかべますが、都市や市街地などでは電線が道路の下にうめられることもあります。

22万ボルトの地中送電線
大都心部に電気を送るには、超高圧で電気を送る地中送電線がつかわれる。ケーブルは送電する電気の量によって温度が変化し、のびちぢみするので、その変化にあわせられるようにまんなかをたるませるようにしておかれている。

提供：中国電力

電柱がなくなる

2011年現在、日本には、約3300万本の電柱があるといわれています。いっぽう近年、地下に設置されたトンネル（人が入れるものを「とう道」、入れないものを「管路」という）に電線を収容し、送電する場所がふえてきました。

地下は、暴風雨や雪などの自然現象の影響を受けず、安全で確実に電気を送ることができる利点があります。反面、建設費が高くなるという難点もあります。

昭和のまちなみ。

電線や電柱のないまちなみ。提供：NPONPC

地下をとおる電線

高い建物が密集しているところでは、空中にわたした送電線ではなく、地面のなかの電力ケーブルをとおして電気を送るようになってきました。これを地中配電とよんでいます。地下の送電線をとおってきた電気（6600ボルト）は、道路わきに設置された地上用変圧器で100ボルト・200ボルトに変換されてから家庭に送られます。

まめちしき　お城の地下に変電所が！

中部電力の名城変電所は、愛知県名古屋市にある名古屋城正面前の公園の地下に、地表からの深さ約28.2m、地下5階建て構造で建設されています。地上と地下1～2階が駐車場、地下3～5階が変電所です。変電所には、とう道に設置された電力ケーブルをとおって27万5000ボルトの電気が送られてきて、変電所でその電気の電圧を下げて、つぎの変電所まで送っています。

公共公園内の地下に建設される超高圧変電所としては、東京電力が東京の新宿中央公園の地下につくった新宿変電所に次ぎ、2番目。提供：中部電力

とう道には人間がやっととおれるくらいの大きさから直径が5mにおよぶものまで、いろいろある。内部には照明・換気・排水設備などがあり、定期的に点検がおこなわれる。提供：NTT東日本

8 通信回線を守る地下トンネル

電話やインターネットでは音声や映像が電気や光の信号に変換され、通信回線（ケーブル）をとおして各地へ送信されます。都市部の大きな道路の地下深くには、通信回線をとおす専用の地下トンネルがあります。

東京の地下47mにあるとう道

上の写真はＮＴＴ東日本がつくったとう道で、直径5mほどのトンネル内に、太さ約10cmのケーブルが何十本も規則正しく配線されています。
ＮＴＴではこれまでに全国で約1000km（共同溝→P26をふくむ）のとう道をつくってきました。一方、管路（→P23）の総距離は、全国で約67万kmにもなり、これは地球約16周半に相当します。

とう道と管路

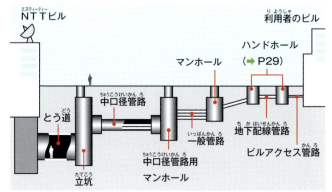

通信用管路をうめる工事

通信用管路は、たいてい道路の下の浅いところにうまっています。そのため交通による振動や地盤沈下などの影響を受けることが多くあります。

鋼、鋳鉄、ポリ塩化ビニルなどでできた管路をそのまま土にうめることもありますが、近年では太いパイプをつかうのがふつうになってきました。

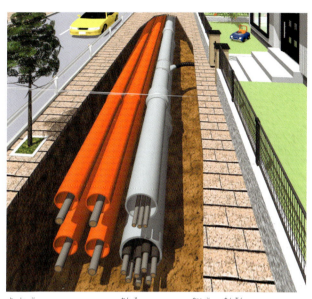

都市部では、歩道の下を管路がとおる。内部が金属でできているケーブルは水分や湿気に弱いため、外部からの影響を受けにくい保護管によって厳重に守られる。提供：積水化学工業

地面をほらない地下管路の補修

老朽化した管路は補修しなければなりません。地面の下にうめられた管路をほりださずに、また、通信を遮断しないで工事をする方法がいろいろと開発されてきました。

そのひとつに、ケーブル収容ずみの不良管路を補修するPIT新管路方式があります。

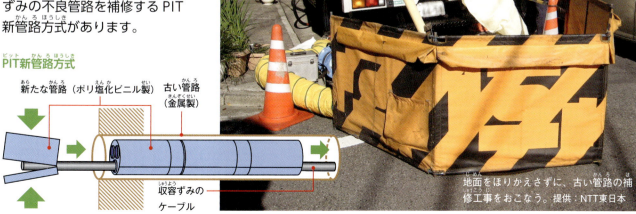

PIT新管路方式

新たな管路（ポリ塩化ビニル製）／古い管路（金属製）／収容ずみのケーブル

地面をほりかえさずに、古い管路の補修工事をおこなう。提供：NTT東日本

9 共同溝で地下空間を有効利用

水道、下水道、ガス、電気、通信などを道路の下にまとめて収容する設備を共同溝といいます。共同溝がふえたことで、修理などのために道路をほりかえすこともへってきています。

日比谷共同溝
東京の国道1号の千代田区有楽町から港区虎ノ門までの全長1550mの共同溝。首都の地下30mに巨大通路がつづく。

世界と日本の最初の共同溝

共同溝が世界ではじめて登場したのは1833年、フランスの首都パリでした。コレラの大流行がきっかけとなって、その対策としてすべての公道の地下に共同溝をつくり、下水管をはじめ、地下水道、電話ケーブル、交通信号ケーブルなど、都市をささえる重要なライフラインをおさめたのです。

日本では関東大震災後の1925年、東京復興事業の一環として試験的に九段坂、八重洲通り、浜松金座通りの3か所に設けられました。

近年では、共同溝がどんどんつくられています。それにともない、都市のようすも下の絵のように整然としてきました。

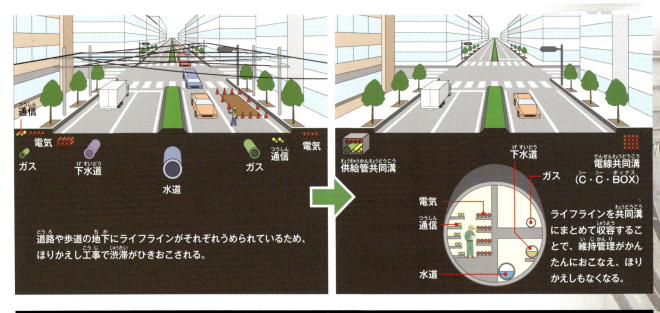

道路や歩道の地下にライフラインがそれぞれうめられているため、ほりかえし工事で渋滞がひきおこされる。

ライフラインを共同溝にまとめて収容することで、維持管理がかんたんにおこなえ、ほりかえしもなくなる。

まめちしき　C・C・BOXとは？

電柱をなくすことを目的として、電線類をおもに歩道の地下にまとめて収容する施設を電線共同溝（C・C・BOX）といいます。最初のCには、Community（地域・共同）、Communication（通信・伝達）、Compact（ぎっしりつまった）の意味がこめられ、2番目のCはCable（電線や光ファイバー）で、BOXは「箱」という意味です。

人が入れるほどの広さのBOX型特殊部を道路の下にうめる。このなかでケーブルの接続や分岐がおこなわれる。
提供：関電工

写真は2008年2月時点の現場のようす。提供：国土交通省 東京国道事務所

マンホールのひみつ

これはびっくり！

道路上にみられるマンホールは、その下に水道や下水道、ガスや電気などの地下埋蔵物があるという目印です。マンホールはマン（人）とホール（あな）で、人が入るあなのことです。

■マンホールの目的

マンホールは、鉄のふたとその受けわく、斜壁と直壁、管取りつけ壁、ステップ、底部などからなり、これらをまとめてマンホールとよびます。

マンホールを設置する目的は、地下の点検です。マンホールから地下におりて、地下の配管や設備を点検します。

ふたをとじた状態

提供：次世代型高品位グラウンドマンホール推進協会

ひみつ1　マンホールのなかはどうなっている？

マンホールの大きさは、直径60cmがほとんど。人がようやく一人入れるくらいの大きさだ。足をかけるステップがある以外、何もない。

撮影：白汚零

ひみつ2　マンホールのふたはなぜ丸い？

工事や、自動車が上をとおったはずみで、ふたがなかに落ちたらたいへん。マンホールのふたが円形をしているのは、四角の場合、対角線より短い辺があるため、向きによっては落ちてしまうからだ。円形なら、ふたがどのような向きでも落ちることはない。

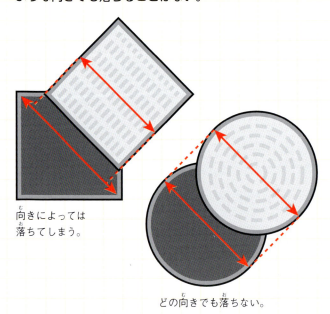

向きによっては落ちてしまう。

どの向きでも落ちない。

ひみつ3 「汚水」と「雨水」

分流式の下水管（→P13）のマンホールには、汚水専用と雨水専用がわかるように、ふたに「おすい」と「うすい」が明記されている。

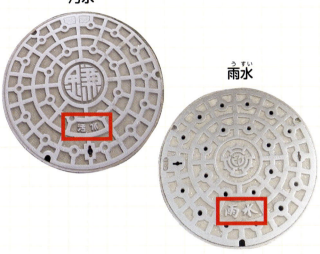

汚水／雨水

ひみつ4 マンホールとハンドホール

道路上にある鉄のふたで、マンホールよりも小さいふたがある。これは手（ハンド）だけを入れて作業するあなで、「ハンドホール」とよんで区別している。また、ケーブルを地下に埋設するときに中継用としてつかわれる四角い箱のこともハンドホールという。（→P24）

水道管を流れる水の流れをとめる「制止弁」を操作するためのハンドホール。

ひみつ5 電気・通信設備のマンホール

電気や通信用ケーブルも地下の管のなかをとおって、マンホールやハンドホールで接続される。

東京都立公園の電気配線のためのマンホール。

ＮＴＴのマークがついたマンホール。

ひみつ6 マンホールのふたのデザイン

マンホールのふたには、都道府県および市町村でそれぞれ特色がある。とくに下水道用のものは、イメージアップと市民へのアピールのために各市町村がオリジナルのデザインにすることを提唱し、デザイン化が進められている。まんが家の青山剛昌氏の記念館がある鳥取県北栄町のコナン通りには、『名探偵コナン』にちなんだマンホールがある。

提供：青山剛昌ふるさと館 ©青山剛昌／小学館

提供（ひみつ3・4・5）：石井英俊（日本のマンホール文化研究会代表）

これはびっくり！47都道府県マンホールクイズ

北海道・東北地方

01 ●虎舞で知られる釜石市がある県は？

04 ●ねぶた祭りで有名な県は？

02 ●石ノ森萬画館がある県は？

05 ●さくらんぼで有名な県は？

03 ●竿燈まつりで有名な県は？

06 ●会津磐梯山がある県は？

中部地方

07 ●阿寒湖があるのは？

関東地方

08 ●富岡製糸場といえば？

12 ●ペリー来航で知られる県は？

09 ●多摩川の水を水道につかうのは？

13 ●陶芸で知られる益子町がある県は？

10 ●筑波宇宙センターがある県は？

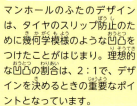
14 ●所沢航空発祥記念館がある県は？

11 ●証誠寺のある木更津市といえば？

ワンポイント①
マンホールのふたのデザインは、タイヤのスリップ防止のために幾何学模様のような凹凸をつけたことがはじまり。理想的な凹凸の割合は、2：1で、デザインを決めるときの重要なポイントとなっています。

15 ●県花がチューリップといえば？

16 ●恐竜博物館で有名な県は？

18 ●鵜と鮎と鵜籠といえば？

20 ●かつての冬季オリンピック開催県

22 ●名古屋城天守閣といえば？

17 ●輪島の漆ぬりといえば？

19 ●海と富士山といえば？

21 ●金属加工で有名な燕市がある県は？

23 ●富士山と河口湖といえば？

各都道府県から特ちょうのあるマンホールを集めました。どこのマンホールだかわかるかな？ ヒントを参考に考えてね。

35

近畿地方

24 神戸ポートタワーがある県は？

28 甲賀忍者の里がある県は？

25 鹿のいる公園で有名な県は？

29 お伊勢まいりで有名な県は？

26 「御所車」の車輪がモチーフ。

30 「紀州手まり」で有名な県は？

27 岸和田のだんじり祭りといえば？

ワンポイント ②
デザインのほとんどは、ふたをつくっている製造工場が手がけ、最終的に各市町村が選びます。地面にあるものなので神社やお寺、教会など宗教的な意味合いのあるものは「ふみたくない」「ふまれたくない」と敬遠されます。

中国・四国地方

31 鬼太郎のまちで有名な県は？

35 広島東洋カープがある県は？

36 鳴門のうずしおといえば？

32 桃太郎で有名な県は？

37 鯨が泳ぐ土佐湾がある県は？

33 宇和島の闘牛といえば？

38 安来節で知られる県は？

34 丸亀のうちわといえば？

39 城下町の萩市がある県は？

九州・沖縄地方

40 武家屋敷を守る島原市がある県は？

42 高崎山のサルといえば？

44 日本最南端の有人島がある県は？

46 霧島連山を望む都城市がある県は？

41 阿蘇山といえば？

43 島津家の家紋があるといえば？

45 絣織りの久留米市がある県は？

47 有明海のムツゴロウといえば？

提供：石井英俊（日本のマンホール文化研究会代表）

こたえは33ページ

さくいん

あ行

イスタンブル地下宮殿 …… 17
雨水管 …… 2、9、13、14、15
雨水浸透ます …………………… 15
雨水調整池 ……………………… 14
雨水ます ………………………… 9
液化天然ガス（LNG）
　…………………………… 20、21
SIセンサー ……………………… 20
SPR工法 ………………………… 19
江戸川 …………………………… 16
LNGタンカー …………………… 20
LNG地下タンク ………………… 20
汚水管 ……………… 3、4、9、13
汚水ます ………………………… 9
汚泥処理施設 …………………… 13

か行

ガス導管 …… 5、8、9、20、21
ガスホルダー …………………… 20
ガバナステーション …………… 20
神田下水 …………………… 12、13
管路 ………………… 23、24、25
給水管 ……………………… 10、11
共同溝 ……………………… 26、27
下水管
　……… 2、3、4、9、12、13、
　14、15、18、19、29
下水処理場 …………………… 4、13
洪積地盤 ………………………… 16
合流式 …………………………… 13
古代ローマ ……………………… 13

さ行

最終沈殿池 ……………………… 13
最初沈殿池 ……………………… 13
首都圏外郭放水路 ……………… 16
消火栓 …………………………… 11
浄水場 …………………………… 10
消毒そう ………………………… 13
水源 ……………………………… 10
水道管 ……………… 4、8、9、10、11
水道メータ ………………… 10、11
生活排水 ……………… 4、12、13
送水管 …………………………… 10
送電線 …………………………… 23
側溝 …………………………… 3、9

た行

太閤下水 ………………………… 13
地区ガバナー（圧力調整器）
　…………………………… 20、21
調圧水そう ………………… 16、17
沈砂地 …………………………… 13
通信ケーブル ………… 4、9、24
通信用管路 ………………… 9、25
電線共同溝（C・C・BOX）
　…………………………… 9、26
電柱 ……………………… 2、23
天然ガス ………… 5、20、21
電力ケーブル ……… 4、9、23
導水管 …………………………… 10
透水性舗装 ……………………… 15
とう道 …………………… 23、24
都市ガス ………………………… 20
都市ガス製造工場 …………… 20

は行

配水管 ……………………… 10、11
配水池 …………………………… 11

パリ ……………………………… 26
ハンドホール ………………… 29
反応タンク ……………………… 13
PIT新管路方式 ………………… 25
日比谷共同溝 ………………… 26
分流式 …………………… 13、29
防火水そう …………………… 11
放水路 …………………………… 5、16

ま行

マイコンメータ ………………… 21
マンホール
　………………… 3、8、19、28、
　29、30、31
水もれ …………………………… 11
名城変電所 ……………………… 23
名探偵コナン ………………… 29

ら行

ライフライン ………… 8、9、26

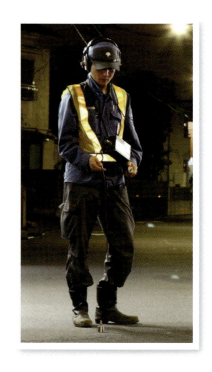

■ 監修／公益社団法人 土木学会 地下空間研究委員会
地下空間研究委員会は、土木学会に設置されている調査研究委員会の一つ。地下空間利用に伴う人間中心の視線に立ちながら、地下空間の利便性向上、防災への対応、長寿命化などを研究する新たな学問分野である"地下空間学"を創造し、世の中に広めるための活動をおこなっている。活動の範囲は、都市計画など土木工学の範囲に留まらず、建築、法律、医学、心理学、福祉、さらには芸術の分野におよぶ。
http://www.jsce-ousr.org/

■ 編集／こどもくらぶ（二宮祐子）
あそび・教育・福祉・国際分野で、毎年100タイトルほどの児童書を企画、編集している。

■ 企画・制作・デザイン／株式会社エヌ・アンド・エス企画
矢野瑛子

■ 参考資料
・『みんなが知りたい 地下の秘密』（地下空間普及研究会）ソフトバンク・クリエイティブ

■ ホームページ
・「ものしり博士のドボク教室」土木学会
　http://www.jsce.or.jp/contents/hakase/index.html
・「キッズページ」東京都水道局
　http://www.waterworks.metro.tokyo.jp/kids/index.html
・「スイスイランド」日本下水道協会
　http://www.jswa.jp/suisuiland/3-1.html
・「首都圏外郭放水路」国土交通省江戸川河川事務所
　http://www.ktr.mlit.go.jp/edogawa/gaikaku/index.html
・「SPR工法」日本SPR工法協会
　http://www.spr.gr.jp/spr.html
・「おどろき! なるほど! ガスワールド」東京ガス
　http://www.tokyo-gas.co.jp/kids/index.html
・「エコランド」中部電力
　http://www.chuden.co.jp/kids/ecoland/index.html
・「スーパーメディアキッズ」NTT東日本
　https://www.ntt-east.co.jp/kids/eco/eco1_2.html
・「マンホールとは」次世代高品位グラウンドマンホール推進協会
　http://www.kouhinigm.jp/

この本の情報は、特に明記されているもの以外は、2014年9月現在のものです。

■ 絵
松島浩一郎

■ 写真・図版協力（敬称略）
石井英俊／大山顕
古明地賢一／白汚零
青山剛昌ふるさと館
NTT東日本
NPO法人電線のない街づくり支援ネットワーク
小樽市消防本部
関電工／北川ヒューテック
国土交通省江戸川河川事務所
国土交通省東京国道事務所
次世代型高品位グラウンドマンホール推進委員会
清水建設／積水化学工業
仙台市建設局
中国電力／中部電力
東京ガス／東京消防庁
東京都水道局
広島市下水道局
© South East/PIXTA
© Dmitry Zamorin/Dreamstime.com

★47都道府県マンホールクイズ（P30〜31）こたえ
①岩手県／②宮城県／③秋田県／④青森県／⑤山形県／⑥福島県／⑦北海道／⑧群馬県／⑨東京都／⑩茨城県／⑪千葉県／⑫神奈川県／⑬栃木県／⑭埼玉県／⑮富山県／⑯福井県／⑰石川県／⑱岐阜県／⑲静岡県／⑳長野県／㉑新潟県／㉒愛知県／㉓山梨県／㉔兵庫県／㉕奈良県／㉖京都府／㉗大阪府／㉘滋賀県／㉙三重県／㉚和歌山県／㉛鳥取県／㉜岡山県／㉝愛媛県／㉞香川県／㉟広島県／㊱徳島県／㊲高知県／㊳島根県／㊴山口県／㊵長崎県／㊶熊本県／㊷大分県／㊸鹿児島県／㊹沖縄県／㊺福岡県／㊻宮崎県／㊼佐賀県

大きな写真と絵でみる 地下のひみつ ②上下水道・電気・ガス・通信網　　NDC510

2014年11月30日　初版発行

監　修　　公益社団法人 土木学会 地下空間研究委員会
発行者　　山浦真一
発行所　　株式会社あすなろ書房　〒162-0041　東京都新宿区早稲田鶴巻町551-4
　　　　　電話　03-3203-3350（代表）
印刷所　　凸版印刷株式会社
製本所　　凸版印刷株式会社

©2014 Kodomo Kurabu
Printed in Japan

32p／31cm
ISBN978-4-7515-2782-5